It Starts With a Raindrop

Comienza con una gota de lluvia

Illustrated by/Ilustrado por
**Angela Alvarenga &
Jonathon E. Goley**

Written by/Escrito por
Michael Smith

East West Discovery Press

Manhattan Beach, California

All living things need water,
from a tiny bug to a giant tree.

Desde un bichito hasta un árbol
precisan agua para vivir.

Grass and fish need water, too,
and so do you and me.

Césped y peces la necesitan
y es vital para ti y para mí.

Because it is so useful,
and everyone needs a drink,
we pipe it through the city
and right into our sink.

Porque es tan útil para nosotros,
eso lo sabes: beberla es bueno,
luego la enviamos por cañerías
para tenerla en el fregadero.

We take a bath with water,
and play outside with the hose.
We use it to keep the garden green
and wash our dirty clothes.

Nos gusta el agua, darnos un baño
y divertirnos con la manguera.
Nuestros jardines mantiene verdes
y nuestra ropa ¡qué limpia queda!

We use it with the foods we eat,
to freeze and steam and boil it.
We use it to cook and clean
and even flush the toilet.

Siempre la usamos en las comidas,
en la cocina y en la limpieza,
para cocer, para congelar
hasta para tirar la cadena.

But what is water's story?
(The question is not dumb.)
Where did it first appear?
And where does water come from?

Pero ¿cuál es la historia del agua?
(Y no es esta una pregunta tonta.)
¿Ustedes saben de dónde viene?
o ¿cómo es que el agua se forma?

It starts with a single raindrop. First one, then two, then three. The drops all join together, and then roll down the tree.

Primero, una gota solita. Luego son dos y, más tarde, tres. Así se juntan todas las gotas, bajan del árbol como las ves.

14

Sometimes it's a snowflake, then many in a flurry.
They may stay until spring, or melt away in a hurry.

En ocasiones, copo de nieve, pronto muchos en una nevada
se quedan hasta la primavera o se esfuman en una jornada.

The drops will form some puddles. The puddles grow and leak. When the leaks join together, they turn into a creek.

Muchas gotitas forman los charcos, que despacito se van filtrando. Así se escurren todos juntitos y se transforman en un riacho.

18

As the creeks find each other, they work as a team.
More and more unite! And they become a stream.

Cuando se juntan estos riachos, trabajan todos como un equipo.
¡Qué maravilla verlos unidos! Juntos se vuelven un arroyito.

When a stream meets a stream, they know where they should be:
together, now a river, moving to the sea.

Si un arroyito se une a otro, saben muy bien hacia dónde van:
ahora son un único río con un solo destino: el mar.

23

Out in the open ocean, or sometimes on a lake,
something special happens, when the sun begins to bake.

En lugares como el mar abierto, o en un lago de cualquier región,
suceden cosas maravillosas cuando empieza a calentar el sol.

Water absorbs the sunlight and evaporates, changing form. Dark clouds grow above, and soon there is a storm.

El aire cálido roza el agua, entonces surgen pomposas nubes. Rápidamente el cielo oscurece: es la tormenta que pronto ruge.

Water moves in a cycle, this we know is true.
It may start with a single raindrop, but it ends with just one, too.

El agua se mueve en este ciclo, todos sabemos que es la verdad.
Puede que empiece con una gota, y con una también terminará.

28

Solar Energy
Energía solar

storage in
snow and ice

almacenamiento en
nieve y hielo

Condensation
(cloud formation)

Condensación
(formación de las nubes)

Rain clouds
Nubes de lluvia

Evaporation
from ocean

Evaporación
desde el océano

Evaporation
Evaporación

water storage in the ocean
almacenamiento de agua
en el océano

Glossary/Glosario

Condensation/Condensación
A change from gas to liquid when warm air holding water vapor cools.
Cambio de estado gaseoso a líquido cuando se enfría el vapor de agua
contenido en el aire caliente.

Evaporation/Evaporación
A change from liquid to gas when water is warmed.
Cambio de estado líquido a gaseoso al calentarse el agua.

Precipitation/Precipitación
Water in any form, rain, snow or hail falls to the ground.
Cuando el agua en cualquier forma, ya sea lluvia, nieve o granizo,
cae al suelo.

Transpiration/Transpiración
The process of water inside plants and trees evaporates into the air.
Proceso del agua dentro de las plantas y de los árboles por el cual se
evapora en el aire.

Infiltration/Infiltración
Water seeps into the ground.
El agua se filtra en el suelo.

Precipitation
Precipitación

surface runoff
escorrentía superficial

Transpiration
from vegetation

Transpiración
de la vegetación

Evaporation
from soil, rivers, lakes

Evaporación
desde el suelo, los ríos y los lagos

Infiltration
(soil)

Infiltración
(suelo)

The H₂O cycle

Water is constantly on the move, changing form and going through phases.

Water can be solid like the crystals found in snowflakes, or the spikes of icicles, or melt into flowing torrents of waterfalls and giant rivers emptying into the vast oceans. Or, water can evaporate and become an invisible gas swirling up through the atmosphere only to change again as condensation to form clouds. When the tiny water droplets that make up clouds grow larger, they get heavy and fall back to earth as rain and snow: precipitation.

As liquid water flows on the ground, it can change our planet with the powerful force of erosion, strong enough to cut mountains and carve deep valleys, and take sediment far away. Water also moves energy around. It absorbs heat as it evaporates, cooling the climate. Like when you sweat, you feel coolness as it evaporates. When water condenses, it releases the energy and does the opposite. This cooling and heating cycle of water is a main component of weather.

Most importantly, the cycle of water offers a precious liquid to sustain all life on earth. Plants and trees pump water from the ground. Animals, too, drink water and in our blood, it carries nutrients to every cell. You and I are, in fact, all part of the cycle of water.

El ciclo del agua (H₂O)

El agua está en constante movimiento, cambia de forma y pasa por distintas fases.

El agua puede ser sólida como los cristales que se encuentran en los copos de nieve, o como los picos de carámbanos, o puede fundirse en los torrentes que fluyen de las cascadas y ríos gigantes hasta vaciarse en los vastos océanos. O bien, el agua puede evaporarse y convertirse en un gas invisible arremolinándose a través de la atmósfera para cambiar de nuevo al condensarse para formar nubes. Cuando las pequeñas gotas de agua que forman las nubes se hacen más grandes, se vuelven pesadas y caen de nuevo a la tierra en forma de lluvia y nieve: la precipitación.

A medida que el agua líquida fluye en el suelo, puede cambiar nuestro planeta con la poderosa fuerza de la erosión, que es lo suficientemente fuerte como para atravesar montañas y tallar valles profundos, y llevar sedimentos muy lejos. El agua también mueve energía a su alrededor. Absorbe calor al evaporarse, enfriando el clima. Al igual que cuando sudas, sientes frescura en la medida que el agua se evapora. Cuando el agua se condensa, libera la energía y hace lo contrario. Este ciclo de enfriamiento y calentamiento del agua es un componente principal del clima.

Lo más importante: el ciclo del agua ofrece un precioso líquido para mantener la vida en la Tierra. Las plantas y los árboles bombean el agua de la tierra. Los animales también beben agua, y en nuestra sangre, esta transporta los nutrientes a todas las células. Tú y yo somos, de hecho, partes del ciclo del agua.

About the Author/Acerca del autor

Michael Smith is the author of many non-fiction and fiction books for all ages. Among his many award-winning titles are *Relativity/Relatividad*, a Junior Library Guild Selection, *Thomas the T. rex*, an Outstanding Science Trade Books for Students K-12, and *What in the World*, a Moonbeam Children's Book Award Gold Medal Winner. Smith often gets his inspiration to write from traveling and exploring remote regions.

Michael Smith es el autor de numerosos libros de ficción y no ficción para todas las edades. Entre sus numerosos títulos galardonados se encuentran: *Relatividad*, seleccionado por Junior Library Guild, *Thomas el T. rex*, libro de ciencias destacado para alumnos de escuela primaria y secundaria en el Outstanding Science Trade Books for Students K-12, y *What in the World!*, ganador de la medalla de oro del Moonbeam Children's Book Award. Para escribir, Smith suele inspirarse en sus viajes y exploraciones de regiones remotas.

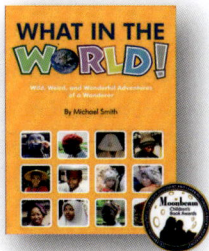

What in the World!
ISBN 9780966943740

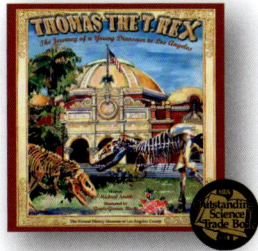

Thomas the T. rex/Thomas el T. rex
English ISBN 9780982167533
Eng/Spanish ISBN 9780983227823

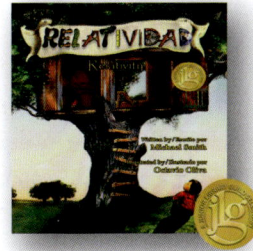

Relativity/Relatividad
English ISBN 9780979933981
Eng/Spanish ISBN 9780983227830

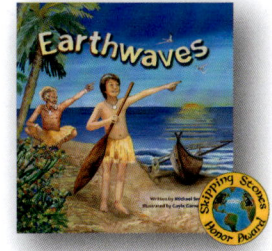

Earthwaves
ISBN 9781949567106

About the Illustrators/Acerca de los ilustradores

Angela Alvarenga is an illustrator from a quiet desert town in California. She received her Bachelors in Fine Art from the California State University of Fullerton. When she is not working in her studio, she can most likely be found outdoors doing plein air painting or sketching. *It Starts with a Raindrop* is her picture book debut.

Angela Alvarenga es una ilustradora proveniente de una tranquila ciudad del desierto de California. Se graduó de licenciada en Bellas Artes en la California State University of Fullerton. Cuando no está trabajando en su estudio, lo más probable es que se encuentre haciendo pintura o dibujo al aire libre. *Comienza con una gota de lluvia* es su debut como ilustradora de libros.

Jonathon E. Goley (1953 – 2015) illustrated hundreds of celebrated works for major television shows and feature films for over 30 years. His notable television series and animated movie credits include *Dora the Explorer, The Addams Family, The Smurfs, Tom and Jerry, The Flintstone Kids, The Pagemaster, Ferngully the Last Rainforest,* and *The Jetsons*.

Jonathon E. Goley (1953 – 2015) ilustró cientos de obras célebres para los principales programas de televisión y largometrajes por más de treinta años. Sus créditos más notables en series de televisión y películas de animación incluyen: *Dora exploradora, Los locos Addams, Los Pitufos, Tom y Jerry, Los pequeños Picapiedra, El guardián de las palabras, FernGully: las aventuras de Zak y Crysta, y Los supersónicos*.

Published by:
East West Discovery Press
P.O. Box 3585, Manhattan Beach, CA 90266
Phone: 310-545-3730, Fax: 310-545-3731
Website: www.eastwestdiscovery.com

Written by Michael Smith
Illustrated by Angela Alvarenga and Jonathon E. Goley
Spanish translation by Habilis
Cover illustration by Jonathon E. Goley
Design and production by Jennifer Thomas, John Lane & Icy Smith

Library of Congress Cataloging-in-Publication Data

Names: Smith, Michael, 1961- author. | Goley, Jonathon, illustrator. |
  Alvarenga, Angela, 1983- illustrator. | Smith, Michael, 1961- It starts
  with a raindrop. | Smith, Michael, 1961- It starts with a raindrop.
  Spanish.
Title: It starts with a raindrop = Comienza con una gota de lluvia / written
  by Michael Smith ; illustrated by Jonathon E. Goley and Angela Alvarenga.
Other titles: Comienza con una gota de lluvia
Description: First bilingual English and Spanish edition. | Manhattan Beach,
  California : East West Discovery Press, [2016] | Text in English and
  Spanish | Audience: Ages 5-8. | Audience: K to grade 3.
Identifiers: LCCN 2016033273 | ISBN 9780997394719 (hardcover : alk. paper)
Subjects: LCSH: Water--Juvenile literature. | Hydrologic cycle--Juvenile
  literature.
Classification: LCC GB662.3 .S5965 2016 | DDC 551.48--dc23
LC record available at https://lccn.loc.gov/2016033273

ISBN-13: 978-0-9973947-1-9 Bilingual English and Spanish Hardcover, 2017
ISBN-13: 978-1-949567-14-4 Bilingual English and Spanish Paperback, 2021
Paperback edition printed in the United States of America
Published in the United States of America

To my dad who gave me my earliest memory of water, on his shoulders climbing under the falls, on the Mist Trail in Yosemite National Park.

- M.S.

To my wonderful sons Antonio and Austin, and loving husband Edwin.

- A.A.

This book is dedicated to the late Jonathon E. Goley for his striking illustration and vision in the first phase of this project. May his memory live on with this work.

Special thanks to Dr. John Keyantash, Associate Professor in the Department of Earth Science & Geography, California State University, Dominguez Hills for his thoughtful assistance with this project.